罗克数学荒岛 3 历险记

游乐园大冒险

达力动漫 著

SPM
南方出版传媒
全国优秀出版社
全国百佳图书出版单位
广东教育出版社

·广 州·

目录

城堡新家

❶ 外星人的新家 /2

❷ 备受困扰的罗克 /5

  荒岛课堂 点数与列式计算 /10

❸ 电视争夺战 /12

  荒岛课堂 分数应用题 /17

❹ 地球人眼中的外星人 /20

  荒岛课堂 等差数列求和问题 /24

1

⑤ 破旧的游乐园 / 26

　　荒岛课堂　求圆的周长 / 34

⑥ 进入城堡大门 / 36

　　荒岛课堂　公倍数与最小公倍数 / 43

⑦ 藏在城堡里的怪物 / 47

　　荒岛课堂　列车相遇 / 60

⑧ 校长的鬼主意 / 62

游乐园大冒险

❶ 恐怖的声音 / 65

　　荒岛课堂　分数与份数的转化 / 69

② 比妖怪更可怕的人 / 71

荒岛课堂 还原问题 / 78

③ 一起去探险喽! / 80

荒岛课堂 工程问题 / 88

④ 奇怪的冒险屋 / 90

荒岛课堂 周期问题 / 93

⑤ 幽灵也怕火 / 95

荒岛课堂 分段收费问题 / 102

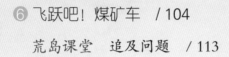 飞跃吧！煤矿车 / 104

荒岛课堂 追及问题 / 113

 魔镜魔镜 / 115

荒岛课堂 镜子中的数学 / 124

参考答案 / 126

数学知识对照表 / 132

城堡
新家

外星人的新家

这是一个阳光明媚的早晨。小鸟扇动着翅膀在天空中愉快地飞，然后降落在一个漂亮城堡的窗台上，叽叽喳喳地唱起了美妙的歌曲。歌声吵醒了正在睡觉的国王。

国王慢慢地睁开眼睛，他的四个侍卫，加、减、乘、除已经捧着整洁的衣服、洗漱用品和美味的早餐，在床边等着国王醒来。

"国王，早上好！"四位侍卫异口同声地说道。

国王伸了个长长的懒腰，走下床，打开房间阳台的大门，微风轻轻吹过，阳光洒在

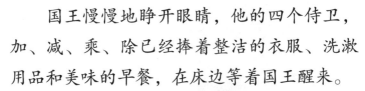

他的脸上，国王露出幸福的笑容。

　　"这里真的太好了，我好像又回到了数学荒岛。"国王看着窗外的摩天轮、旋转木马、过山车等游乐设施，"只是外面的风景和数学荒岛的不太一样。"

　　原来，他们现在所住的城堡，坐落在一个游乐园里。

　　除立刻上前，恭敬地给国王递上一杯热茶，奉承道："都是国王英明，我们才能在这里住下来啊。"

国王得意扬扬地说："那当然了，我可是你们的国王，哈哈哈哈！"

咦，数学荒岛的各位怎么突然从罗克家搬到这个游乐园的城堡里了呢？这其中发生了什么有趣的事情呢？让我们一起回到那一天看看吧。

备受困扰的罗克

那天，罗克的家里传出一阵吵闹的声音。

小强在洗手间门口痛苦地捂着肚子，敲着洗手间的门大喊道："花花，快点出来，我……我肚子好痛！"

而花花在洗手间里面慢悠悠地回答："我才刚刚开始洗澡呢，你再等一下吧。"

小强的脸色越来越难看，肚子发出一阵"咕咕"的声音，但他只能强忍着疼痛，话都说不出来，一副惨兮兮的样子。

而另一边的客厅里，罗克正坐在沙发上，聚精会神地看着电视节目《最强数学

大脑》。节目里，主持人问了选手一道数学题："如果73只母鸡在73天里下了73打鸡蛋，而37只母鸡在37天里吃掉了37千克小麦，那么得到1打鸡蛋需要多少千克小麦呢？请回答。"

"哈哈，这道题我会。"罗克一边说着，一边算了起来，"73只母鸡在一天里总共下了1打鸡蛋，而37只母鸡在一天里总共吃掉了1千克小麦，为了得到1打鸡蛋，就必须喂养73只母鸡一天的饲料，所以需要 $\frac{73}{37}$ 千克小麦——比2千克稍微少一点。"

罗克的话音刚落，电视上的选手也算出了跟罗克一样的答案。罗克得意地说："果然没错，嘿嘿！"

这时，依依拿着她的抹布来到客厅，开始擦拭摆放在罗克面前的茶几，刚好把罗克的视线完全挡住。罗克无奈地把头歪到右边继续看，这时依依擦到了茶几的右边，视线再次被挡，罗克只好把头歪到左边继续看，

依依又擦到了茶几的左边。总之，罗克往哪边看，依依就挡在哪边。

罗克忍无可忍地说："依依！你能不能等一下再擦？你挡住我看电视了，马上就要到最后最精彩的一题了！"

依依不满地看着罗克，拿起手中的抹布，狠狠地说："再说话，我就擦到你脸上去！"

罗克害怕又无奈地捂住了嘴巴，摇摇头，不敢再有意见了。依依放下抹布，继续

擦茶几，罗克只能不停地左右摆头，躲开依依的遮挡，聚精会神地看着电视，等待最精彩一刻的到来。

主持人开始提问最后一道题："小帆与小文打算比一比骑车速度，但他们只

有一辆自行车，所以只好在一条平路上分别计时骑车。小帆从1千米处骑到12千米处，小文坐在自行车后座计时；然后在同一条路上，小文从12千米处骑到24千米处，小帆则坐在自行车后座上计时。最后，小帆轻松取得胜利。如果两个人的体重大概一致，除了小帆骑得比较快，还有别的什么原因呢？请回答。"

"呃……是什么原因呢？"罗克一时之间也被难住了，他托着脑袋，认真地思考起来。突然，他灵机一动，想到了答案：太简单了！从1千米处到12千米处，距离只有11千米；但从12千米处到24千米处却有12千米。小帆骑行的距离本来就比小文短，即使两人速度相同，小帆用时也会比小文少。

"让我看看我最支持的这个选手能不能答对。"罗克盯着电视，紧张地等待主持人公布正确答案。

就在这时，电视画面突然一转，变成了

其他电视台的歌唱比赛节目。

罗克生气地问道："什么情况？谁转了我的台？"

只见国王拿着遥控器，躺在沙发的另一边，看着电视说："《我是歌星》开始了！"

"我还在看呢！"罗克眉头一皱，一把抢过国王手中的遥控器，快速转回原来的节目。

国王也不甘示弱，又一把夺回遥控器，说道："你已经看很久了！"

"那又怎样呢？"罗克不服气，再次伸手去抢。

"所以现在应该轮到我看了！"国王死死拽着遥控器不松手。

罗克反驳道："什么？这是谁规定的？"

就这样，两人互不相让，电视屏幕上，两个节目不停转换。

点数与列式计算

　　学习数学从掰着手指头或者指着物品从头到尾一个个数数开始，这些一个个数、一个个物品可以抽象为一个个点，所以我们把这种数数的方式叫点数。学习加法和减法之后在一些计数问题上用列算式的方法会快一些。可是数数与列算式得出的结果经常会相差"1"，如没计算清楚，这个"1"就会变成大麻烦。

　　用数数方法数1至12：1、2、3、4……12，共12个数；

　　用数数方法数12至24：12、13、14……24，共13个数。

　　减法：12-1=11，24-12=12，都少了1。

　　所以列算式尾减头要再加1。

　　12-1+1=12，24-12+1=13，这样数数的方法和列算式的方法得到的答案就一样啦。

这样的问题在生活中经常出现，试试解答下面的问题，找找原因和规律吧。

例 题

奶奶说会在我家住一段时间的，从7月5日到7月31日会一直陪伴着我和弟弟，问奶奶会在我家住多少天？

方法点拨

可以一天天数，从7月5日数到7月31日，数头又数尾。也可以用"尾-头+1"的方法列式计算31-5+1=27（天）。

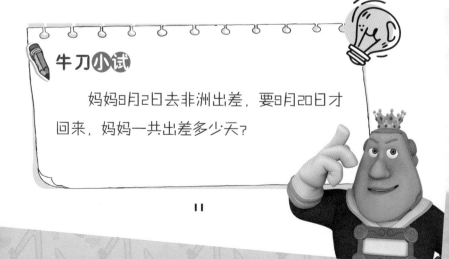

牛刀小试

妈妈8月2日去非洲出差，要8月20日才回来，妈妈一共出差多少天？

电视争夺战

　　一旁的依依被国王和罗克的电视争夺战吵得头昏眼花，终于忍无可忍地对着两人大喊道："你们两个给我安静！"

　　罗克和国王被依依的声音吓得立刻停了下来，一副敢怒不敢言的样子。

　　依依一把抢过他们手中的遥控器，说道："吵什么吵，我帮你们想办法解决。"

　　罗克和国王疑惑地问道："什么办法？"

　　依依摆弄着手中的遥控器，说："简单，我问你们一个数学问题，你们谁能最快说出正确答案，谁就可以拥有今天电视的控

制权。"

罗克一听，这个办法对自己太有利了，他得意地举手同意，说："这个办法好，我赞成！"

但是，国王却不情愿地说道："我……我不赞成，为什么……"

国王的话还没有说完，罗克就立刻打断他，故意说："怎么？你身为堂堂数学荒岛的国王，还担心输给我不成？"

罗克的激将法很奏效，国王立刻反驳道："怎么可能？我怎么可能会输？依依，你出题吧！"

"那好，你们听清楚了。"依依开始提问，"小帆正在环形跑道上进行自行车比赛。骑行几个小时后，在他前面的参赛者的五分之一，加上在他后面的参赛者的六分之五，就是参加这次比赛的总人数。请问这次比赛一共有多少人参加？"

"等等，你再说一次，我不是很明白题

目的意思。"听完题目后，国王一脸疑惑。

罗克思考了片刻，自信地举手回答："我知道了！答案是31人。"

国王看着罗克，惊讶地说："这么快？肯定是胡乱猜测的吧。你以为这么容易猜对呀？"

但依依点点头，说："没错，答案就是31人。"

"你是怎样计算出来的呢？"国王很不服气。

"一点都不难呀。由于跑道是闭合的环，在小帆前面的参赛者也是在他后面的参赛者，所以这两个分数各乘除小帆之外的所有参赛者人数，都应得到整数。"

罗克拿起平板，在上面写下算式：

$$\frac{1}{5} + \frac{5}{6} = \frac{31}{30}$$

罗克接着说："从这个等式就可以看出，小帆看到了30名对手，所以参赛者共有

31人。"

国王听完罗克的解法后无话可说，情绪低落地坐在沙发上。而依依则把遥控器交给了罗克。

"太好了！嘿嘿。"罗克连忙换回刚刚看的电视节目。

谁知，节目刚好播完，只听主持人说："本期节目到此结束，我们下次再见！"

"啊！为什么会这样？"罗克很失望，整个人瘫倒在沙发上，一副欲哭无泪的样子。

国王愉快地拿起遥控器，转到他喜欢的《我是歌星》。

依依继续擦拭着其他家具，口中还念念有词："太脏了，太脏了！"

洗手间则传来小强和花花为争抢厕所而发出的吵闹声。

小强拍着门喊道："花花，求……求求你快出来吧。"

花花不耐烦地回应："好了，好了，别吵了！我洗得差不多了！"

而厨房里面，加、减、乘、除四人把一坨不知道是什么的东西放进了微波炉，微波炉开启几秒之后，突然发出"砰"的一声巨响，一股黑烟从厨房里面冒出来。加、减、乘、除满脸焦黑地走出厨房，其中一人手中还捧着一个黑漆漆的东西。

罗克惊讶地问道："这是什么？"

除悲伤地说："这是我们打算做给国王吃的蛋糕……"

罗克震惊地张大了嘴巴，下巴都要掉到地板上，他今天实在是受到了不少的打击。

罗克身心疲惫地想着：这样下去可不行啊，我一定要找个地方重新安置他们。但是……去哪里找呢？

突然，罗克灵机一动："有了！"

分数应用题

依依在问题中用到五分之一、六分之五这样的数，我们把几分之几这样的数叫作分数，分数的出现解决了在整数集里除法不能实施的问题，比如 $2 \div 3$ 的商在整数范围内不能表达，是一个循环小数，但学习分数后，$2 \div 3$ 的结果就可以用一个分数 $\frac{2}{3}$ 来表示。

例 题

小帆正在环形跑道上进行自行车比赛。骑行几个小时后，在他前面的参赛者的五分之一，加上在他后面的参赛者的六分之五，就是参加这次比赛的总人数。这次比赛一共有多少人参加？

解法一：

这道题的突破口在于赛道是闭合的环，即在小帆前面的参赛者也是在他后面的参赛者。我们可以设参赛总人数为x，则：

$$\frac{1}{5} \times (x-1) + \frac{5}{6} \times (x-1) = x$$

$$\frac{x}{x-1} = \frac{31}{30}$$

解得$x=31$，即小帆看到了30名对手，参赛者共有31人。

解法二：

虽然已知条件是分数，但这个问题也可以用公倍数知识来思考。因为参赛人数一定是正整数，所以可以确定小帆看到的总人数应该是5和6的公倍数。接下来思考，为何是前面的参赛者的$\frac{1}{5}$加

上后面的参赛者的 $\dfrac{5}{6}$，而不是总人数的 $\dfrac{1}{6}$ 加上总人数的 $\dfrac{5}{6}$。结合这两点思考，小帆看到的人数为 5 和 6 的最小公倍数 30，所以加上小帆本人，参赛者一共有 31 人。

牛刀小试

荒岛小学男生占全校人数的 $\dfrac{4}{9}$，男生比女生少 60 人，你能求出荒岛小学一共有多少个学生吗？

地球人眼中的外星人

第二天早上，在小镇繁华热闹的街道上，罗克和UBIQ领着国王、花花、依依、小强、加、减、乘、除，一行人浩浩荡荡地前进着。

国王疑惑地问道："罗克，你要带我们去哪里啊？"

罗克自信地回答："国王，我听说附近有一座城堡，我猜你一定会喜欢。"

国王却用怀疑的语气说："真的吗？我对城堡的要求可是很高的哦。"

罗克拍了拍胸口，说："放心，我保证

你一定满意。"

看到罗克信誓旦旦的样子，国王顿时十分期待，连忙喊道："那我们快点出发吧！"说着，他拿起哨子"哔——哔——哔"地吹了几下，下令道："报数！"

只见花花、依依、小强、加、减、乘、除等人迅速地排成一排，一个接一个地报数："1、2、3、4、5、6、7！"

国王很满意，继续下达命令："抬头挺胸，鼓起士气！"

路上的行人看着他们几个怪人一脸疑惑，纷纷小心翼翼地避开他们。

罗克觉得很丢人，连忙上前阻止国王，"我们这样太招摇了。"

国王不明白，问："为什么？这样不是很威风吗？"

罗克尴尬地说："这样别人会笑话的。"

国王不开心地停下来，故意大声喊道："笑话？谁敢？"

这时，路过的行人开始好奇地过来围观，大家窃窃私语。国王偏着头，认真地听着路人的话。

一个路人问旁边的同伴："这些是什么人？样子好奇怪。"

同伴看着加、减、乘、除强壮的身体和统一的服饰，说："会不会是新来的保安呢？"接着她又看了看花花、依依和小强，"怎么还有小孩子？"

听到这里，国王自豪地走到那两个路人

的面前，开始自我介绍："我是数学荒岛的国王，是不是很帅？想不想加入我们的队伍呢？"

两个路人被国王突如其来的搭讪吓到了，大喊一声"哎呀"，撒腿就跑。

一旁的花花一脸崇拜地看着国王，由衷地赞叹道："爸爸，你好威风啊！你看，那些地球人都怕你了！"

国王骄傲地昂起头，一脸得意。

罗克无奈地摇了摇头，"唉！真想假装不认识他们。"

突然，一块抹布扔在了罗克的脸上。

"哎哟！"罗克扯下抹布，"依依，你就不能温柔点吗？"

依依恶狠狠地看着罗克说："谁让你说不认识我们？"罗克连忙解释："我开玩笑而已嘛！"

这时，国王来到他们面前，催促道："好了好了，别吵了，我们快去看城堡吧。"

等差数列求和问题

　　如果花花、依依、小强、加、减、乘、除排成一列按1、3、5、7、9……这样报数，相邻两个数的差都是2，像这样相邻两个数的差都相等的数排成一列，我们称为等差数列，学习数学时经常会遇到等差数列求和的问题。

高斯算法

　　德国著名数学家高斯小时候上数学课，有一次他们班课堂纪律特别差，为了让学生们安静下来，高斯的老师布特纳出了一道长长的计算题：求1+2+3+…+98+99+100，原本以为学生们要计算很长时间，没想到小高斯很快说出了答案，老师不相信高斯这么快能算出正确答案，以为他是随便说的。但小高斯非常清晰地说出自己的算法：1+100=101，2+99=101，…50+51=101，这样得数为101的算式一共有50组，所以50×101＝5050。

　　小高斯计算的1＋2＋3＋…＋98＋99＋100，相邻两个数都相差1，所以这是一个等差数列，小高斯在计算等差数列的和时用了配对法，即第一个数和最后一个数配对，第二个数和倒数第二个数配对……如下图所示：

$$1 + 2 + 3 + \cdots + 98 + 99 + 100$$

101

101

101

牛刀小试

计算1+3+5+7+9+11+…+99。

25

破旧的游乐园

罗克带着国王、花花等人来到一座破旧的游乐园门口。这是一个已经停运的游乐园，里面摆放着各种破损、残旧的游乐设施。

罗克兴奋地介绍道："我们到了！城堡就在这里！"

国王、花花等人一脸嫌弃地看着眼前这个游乐园，花花捂着鼻子，抗议道："啊！好丑好脏，爸爸，我不要住在这里。"

国王也质疑道："罗克，你不是开玩笑吧？我堂堂国王怎么能住在这里？我要住的

是城堡啊！城堡！"

罗克淡定地回答道："这里真的有一座城堡，你们相信我吧！"

依依拿起手中的抹布瞪着罗克说："如果你敢骗我们，小心你的脸！"

罗克瑟瑟发抖，一边快速走进游乐园，一边回头说："知道了，知道了！你们跟我来吧！"

众人只好半信半疑地跟着罗克一起走进游乐园。

罗克走在前面给大家介绍："这里是一个荒废很久的游乐园，有旋转木马、摩天轮、八爪鱼、过山车……"

国王、花花等外星人从来没见过游乐园，都被这些游乐设施吸引住了。

花花跑到旋转木马前，兴奋地大喊起来："大家看！这匹马简直跟我梦中的王子骑的马一模一样！"

国王、花花等人一人坐着一匹木马，开心地玩了起来。

花花兴奋地大喊："驾！驾！驾！快点！快点！"

依依也跟着大喊起来："呦呵！"

只有小强紧紧地抱住木马的头部，闭着眼睛害怕地喊着："不要这么快啊！我好害怕！"

罗克心想：游乐园早已废弃，按理说游乐设施没有电是没法运转的。他疑惑地问道："这……这……旋转木马怎么自己转起

来了？"

国王哈哈大笑，得意地说："我是国王，我命令它转，它就要乖乖听话。来，转得再快点！"

"是，国王！"旋转木马后面传来加、减、乘、除的声音。

罗克循着加、减、乘、除的声音看过去，原来是他们四人在推动旋转木马的转盘，让旋转木马越转越快。

罗克揶揄道："哇！长见识了，原来旋

转木马是这样转的啊！"

花花转到罗克面前时大喊："你要不要一起玩啊？好好玩呀！

"对呀，好刺激啊！"依依附和道。

罗克一脸无奈，说："你们忘记今天的任务了吗？"

可是，国王等人已经玩得忘乎所以，什么都不记得了。

国王疑惑地问："任务？什么任务啊？"

罗克大声地喊道："我们是来找城堡的！"

国王这才醒悟过来，大喊："对哦！停！停！停！马上给我停！"

加、减、乘、除四人听到指示后，立刻停下旋转木马。谁知旋转木马虽然停住了，但由于惯性，坐在上面的国王、花花、依依、小强四人却被甩了出去。

被狠狠甩在地上的依依和花花慢慢地爬起来。"哎哟！疼死我了！怎么突然停下来了？"依依抱怨道。

花花四处张望，紧张地问："爸爸呢？"

罗克抬起头一看，发现国王被甩到了高高的摩天轮上，只见他两只手紧紧地抓住摩天轮边缘，不让自己掉下来。

"加、减、乘、除，你们敢把我甩上天，等我下来你们就惨了。"国王生气地大

喊道。

这时，国王感觉双脚有点沉，低头一看，原来是小强的鼻涕粘住了他的脚，小强晃晃荡荡地吊在半空中哭着说："国王，别……别动……我害怕！"

国王对着小强怒吼："哭哭哭，就知道哭，留点力气喊救命吧！"

于是两个人异口同声地大喊起来："救命啊！救命啊！"国王、小强的呼救声传遍了整个游乐园。

加、减、乘、除一边向摩天轮跑去，一边提心吊胆地喊道："国王，我们来救你了！你可要抓紧啊！"

这时，吊在摩天轮上的国王在高空中四处张望，看到不远处有一座城堡，这座城堡跟数学荒岛的非常像。

国王顿时满意地称赞道："哇！原来那就是城堡！我觉得住在游乐园也不赖嘛！"

花花连忙问："爸爸！城堡在哪里？在

哪里？"

国王一时高兴，指着城堡的方向，说："就在那边啊！"而这时，由于国王松开了一只手，另一只手不堪重负，他和小强双双往下掉落。两人大声喊道："救命啊！"

说时迟那时快，加、减、乘、除迅速在地上张开一个大大的气垫，接住了他们，两人在气垫上上下反复弹跳了几次后，终于安全落地了。

看到国王和小强安全落地，罗克松了口气，连忙提醒大家出发，"城堡就在前面了！"

国王一脸兴奋，高举双手喊道："出发！"

求圆的周长

摩天轮和旋转木马都是圆形的，说到圆，我们先来了解圆的三个最基本问题：

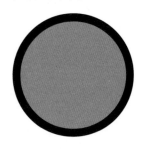

1．围成圆的曲线的长叫作圆的周长。

2．量圆的周长有三个方法：绕线法、滚动法、软尺法。

3．计算圆的周长一定会用到圆周率 π。

★圆周率小贴士：约1500年前，中国有一位伟大的数学家和天文学家祖冲之。他计算出圆周率应在3.1415926和3.1415927之间，成为世界上第一个把圆周率的值精算到7位小数的人。他得出这项伟大成果的时间比国外数学家至少要早一千年。

现在人们用计算机算出圆周率的数值，小数点后面已经达到上亿位，$\pi \approx 3.1415926535\cdots$

圆周长计算公式：周长=直径×π（π通常取近似数3.14）

如上图，圆的半径 r 是2厘米，所以圆的直径是4厘米，周长为4×3.14=12.56（厘米）。

牛刀小试

求这个图形中所有实线长度和。（π=3.14）

8

进入城堡大门

罗克带着国王、花花等人走过护城河上的小桥，不一会儿就来到了城堡门口。众人仰头看去，朱红色的大门、厚重的城墙、高耸的楼阁映入眼帘。这座城堡虽然有点破旧，但很壮观。众人都不自觉地发出了赞叹的声音："哇！好壮观的城堡啊！"

国王一边赞叹着，一边走上前去想推开城堡的大门，但是无论他怎么用力，大门都一动不动地紧闭着，国王只好命令加、减、乘、除："你们，给我撞开它！"

加、减、乘、除立正敬礼，异口同声

说："是！"

说着，四人退后几步，然后助跑一段冲向城堡大门，谁知大门仍紧紧关着，稳如泰山，而加、减、乘、除却被冲力反弹，摔倒在地上，疼得哇哇直叫。

国王看着倒在地上的四人，生气地说道："看来你们平时锻炼还是不够，从明天开始，每个人跑500圈！"

加吃惊地反驳说："国王，我们一向都是每天跑500圈的。"

国王想了想，说："呃……那就每人再加500圈！"

小强疑惑地问道："我突然想到一个问题，如果加跑500圈需要60分钟的话，那加、减、乘、除按同样的速度，在同一条跑道上，同时跑500圈，一共需要多长时间呢？"

花花自信地回答说："这很简单，不就是60分钟乘4，等于240分钟咯！这都不会。"

罗克听了花花的答案后无奈地笑了笑，

纠正说："不不不，4个人也只需要60分钟，只要在不同的起跑点同时起跑就可以了。"

"我只是一时没想到嘛，哼！"花花有些尴尬地反驳。

"好了，好了，我们快想办法打开这扇大门吧！"国王担心他们吵起来，急忙出声提醒大家。

依依看着城堡大门，心里越来越难受，终于忍无可忍地说："这里真是太脏了！真受不了啊！"说着，依依开始拿起抹布擦拭大门。

罗克吐槽道："你也太爱干净了吧。"

这时，被依依擦干净的大门上露出一个密码锁，依依疑惑地问："大家快来看，这是什么？"

众人马上凑过去围观，只见这个密码锁上面是一个屏幕，下面是0至9十个阿拉伯数字。

密码锁上的屏幕突然亮了起来，上面出现一段文字，原来是一道数学题：开门的密

码是一个四位数，它没有重复数字，并且能同时被1、2、3、4、5、6、7、8、9整除。这个数字是多少？

"所以说，答对这道题目，就可以打开这扇大门了？"依依问。

"看来是这样。"小强点点头，说。

国王自信满满地走上前，干咳了几声，说："看来非得我出马才行了，让你们好好看看我的厉害。"他凑上前，认真地看着题目，表情慢慢地从得意变为尴尬，迟迟说不出答案。

花花在一旁满怀期待地说："爸爸肯定已经算出答案了，是不是啊？"

国王支支吾吾地回答："这……这……这答案我肯定知道，不过我想考考罗克，看他会不会。"

罗克笑了笑，揶揄道："国王，我怎么好意思抢你的威风呢？"

国王没好气地说："少啰唆，快点答

题，把门打开要紧。"

罗克一脸得意地说："唉，跟你们说了要好好学习数学。别一到关键时候还得我出马。"

依依不耐烦地催促道："别说废话，快解题吧！"

罗克淡定地回答："答案是7560。"

国王听到后马上接话："嘿嘿，我算的也是这个答案，不过，罗克你是怎样算出这个数字的啊？不会是乱猜的吧？"

罗克自信满满道："看我们的！"说着，UBIQ变成平板电脑飞到罗克的手中，显示出罗克的解题过程。

"你们听好了，这个数字是1、2、3、4、5、6、7、8、9的一个公倍数。这九个数字的最小公倍数是：$5×7×8×9=2520$。2520是四位数，但是它有重复数字，不符合条件。四位数中，还有两个是2520的倍数，分别是5040和7560，其中只有7560不含重复数字。因而这个密码数字是7560。"罗克的讲解一气呵成。

依依、小强、花花一边认真地听着，一边点头，好像明白了罗克的解题思路。

国王走到大门的密码锁面前，嘴里念念有词地输入密码："7560。""轰隆"一声，大门开启，国王兴奋地转身，对众人说："门开了，你们可不要佩服我哦！"

加、减、乘、除异口同声地恭维道："国王，您真谦虚！"

国王得意扬扬地回应："那当然，不然你以为我这个国王怎么当的啊？"

说着，国王在门口小心翼翼地将头探进城堡，左看看，右看看。城堡里面漆黑一片，国王有点害怕，但大家都在后面看着，他不好意思退缩，只能壮着胆子走进了城堡。

国王身后的小强瑟瑟发抖地说："好可怕啊！我能不能不进去啊？"

依依转动着手中的抹布，一脸鄙视地说："你说呢？"

花花一脸嫌弃地说道："小强，你这个胆小鬼，什么时候才能变得和我一样勇敢啊？"说完，花花迅速地爬到了加的肩膀上。

小强不服气，反驳道："那你干吗爬到加的肩膀上？"

花花昂着头说："我怕弄脏了我的漂亮衣服。哼，加，让小强先进去，我们在后面保护他。"

加立正回答："是！"然后推着小强进入城堡，完全没有理会小强拒绝的呼喊声。

罗克、依依等人一脸无奈地跟在后面，一起进入城堡。

公倍数与最小公倍数

开门密码竟然可以用公倍数知识来解决。其实公倍数知识能解决的问题很多，让我们一起来了解一下公倍数和最小公倍数的知识吧。

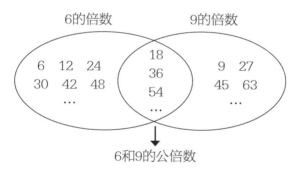

6和9的公倍数

几个数公有的倍数，叫作它们的公倍数，上图中6和9公有的倍数有18、36、54……公倍数里最小的18叫作6和9的最小公倍数。通常先求出最小公倍数，然后用最小公倍数乘1、乘2、乘3……就求出多个公倍数，所以公倍数有无数个。

怎样求最小公倍数？

枚举法：

先按从小到大的顺序列举各个数的部分倍数，再找公倍数。

例如6的倍数有：6、12、18、24……

9的倍数有：9、18、27……

18是第一个公有的倍数，即6和9的最小公倍数。

这个过程也可以用上图表示。

短除法：

比如求30和45的最小公倍数，见下左图。

3	30	45	用公有的质因数3去除
5	10	15	用公有的质因数5去除
	2	3	除到两个商是互质数为止

30和45的最小公倍数是$3×5×2×3=90$。

开门的密码是一个四位数，它没有重复数字，并且能同时被1、2、3、4、5、6、7、8、9整除。这个数字是多少？

这个密码能同时被1、2、3、4、5、6、7、8、9整除，说明这个密码是这九个数字的公倍数。

8=2×2×2

9=3×3

8的倍数一定是2、4的倍数，9的倍数一定3的倍数，8×9的倍数一定是6的倍数，所以5×7×8×9=2520是这九个数的最小公倍数，2520是四位数，但是有重复数字（2出现两次），不符合条件。四位数中，还有两个是2520的倍数，分别是5040和7560，其中只有7560不含重复数字。因而这个密码数字是7560。

牛刀小试

　　为了奖励三个兴趣小组的同学，老师买了一些棒棒糖做奖品，老师大约买了200根，但不会超过200根。这些棒棒糖如果只分给甲组，则甲组每个同学可分得20根；如果只分给乙组，则乙组每个同学可分得15根；如果只分给丙组，则丙组每个同学可分得12根，问老师一共买了多少根棒棒糖？

46

藏在城堡里的怪物

一间漆黑房间的大门被慢慢推开，发出"吱呀"的声音。国王刚将头探入房间，就被蜘蛛网罩住了脸。国王一边惊呼，一边手忙脚乱地抹自己的脸，"呀，什么东西啊？这里好黑啊！"

罗克和UBIQ跟着国王走了进来。罗克边走边说："UBIQ，快变成手电筒吧！"UBIQ一跃而起，变成手电筒落在了罗克的手上，光芒照亮了前方。

随后，小强、花花、依依等人也跟着走了进来。

这里好像是一个客厅，四面的墙壁上挂着各种有趣的装饰画，其中一面墙壁下还有一个旧式的大火炉。客厅中间摆放着陈旧的沙发和茶几，还有武士盔甲、电视机等物品。

　　国王一边在客厅四处查看，一边满意地说："嗯，旧是旧了一点，但跟荒岛的城堡差不多，打扫一下勉强可以……哎呀！"

　　突然，国王被地上一条突然伸出来的长尾巴绊了一下，摔倒在地上。

　　"什么东西？是什么东西偷袭我？"被吓坏的国王连忙爬起来，跳到武士盔甲上，

紧紧抱着满是灰尘和蜘蛛网的武士盔甲，身体止不住地颤抖。

这时，国王的背后传来小强的声音："啊！好可怕啊！是什么？是什么？"国王转头一看，只见小强以同样的姿势挂在他的背上。

"小强，你在我背上干吗？"国王问道。

小强哆哆嗦嗦地回答："我害怕！"

国王怒吼道："快给我下去！"

小强只好瑟瑟发抖地从国王的背上慢慢滑下去。

罗克疑惑地说道："没有什么东西呀，国王，你是不是自己吓自己啊？"

国王环顾四周，然后从武士盔甲上跳下来，小心翼翼地贴墙站着。突然，国王，被墙上挂着的一幅画吸引了注意力，他认真地欣赏起来，画里一个尊贵的妇人抱着一只像鳄鱼又像狗的动物，整幅画透着一种诡异的气息。

国王点评道："这幅画还不错呀，配得上我高贵的气质，就是……这是狗还是鳄鱼？"

这时，画里动物的眼珠转了转。

国王疑惑道："咦，这东西的眼珠子为什么会转啊？"他揉了揉眼睛，"难道真的是我眼花了？"

突然，画里的动物像狗一样朝着国王狂吠了几声："汪！汪汪！"然后从画框里跳了出来，冲向国王，把他扑倒了。

国王惊呼："呀！这是什么怪物啊！救命啊！"

花花、罗克、依依等人连忙跑过去。

花花对加、减、乘、除大喊："快救我爸爸！"

加、减、乘、除四人马上冲向国王，但那只动物毫不示弱，凶恶地朝着四人咆哮。它体形健壮，张牙舞爪，非常吓人。加、减、乘、除面面相觑，不敢向前一步。

罗克定睛一看，急忙对国王喊道："国王，小心！这是鳄狗，很凶猛的！"

国王大惊，捂着脸大喊："哇！不要啊！鳄狗，你千万别咬我的脸，我全靠这张脸吃饭的！"

花花、依依、罗克一脸无奈。花花急忙说："爸爸，这个时候你还担心这个？"

被扑倒在地的国王抓狂地喊道："你们在等什么？快来救我啊！哎呀……别……"鳄狗低下头，伸出舌头不停地舔国王的脸，弄得国王一脸口水，国王挣扎着大喊："别舔我！别舔我！"

这时，加、减、乘、除悄悄拿起旁边的

棒球棍、流星锤、木椅子等，一步一步走近鳄狗。鳄狗反应过来，一跃而起，扑向加、减、乘、除，四人见鳄狗迎面扑来，连忙向侧边闪开，结果鳄狗扑向了原本站在加、减、乘、除后面的小强。

小强吓得眼泪和鼻涕狂喷出来，拼命摇头大哭道："不要咬我！不要咬我！"摇头的时候，小强的鼻涕乱飞，众人不停躲避，只有鳄狗多次被小强的鼻涕击中，最后发出可怜的低鸣声，倒在地上。

依依不由得发出感叹："哇，小强，你

的鼻涕好厉害啊！"

听到依依的夸赞，小强喜出望外，"依依，这可是你第一次称赞我，我好开心啊！"说着，小强高兴地想要抱住依依，却被她嫌弃地推开，"走开啦，小心你的鼻涕！"

这时，鳄狗却站起来对着依依凶猛地吼叫："汪！汪汪！"叫了几声后又马上对着小强露出可爱乖巧的表情，发出小奶狗般的声音，还在小强的身边蹭来蹭去，一副求抚摸的样子。

小强小心翼翼地伸出手抚摸鳄狗的脑袋安抚道："乖……"鳄狗马上转身，肚皮朝上，躺在地上，示意小强抚摸自己的肚子，样子非常可爱。

众人惊讶地看着这一幕，罗克笑道："看来这只鳄狗很听小强的话哦。"

小强脸上绽放出笑容，开心地说："太好了！有了它，以后就没人敢欺负我了，哈哈！"

花花却一脸不屑地说："先别得意，想养它还得经过我爸爸的同意！"

小强醒悟，立刻恳求国王："国王，我能不能养这只可爱的鳄狗？"

国王摇头摆手，坚定地说："当然不行，想都别想。"

被拒绝的小强眼泪汪汪，马上就要哭出声来，鳄狗看到小强这么难过，马上张口对着国王示威，一口咬住国王的手掌。

国王又痛又怕，拼命甩手，用发抖的声音说："走……走开……"

小强继续恳求道："国王，你快答应我吧，答应了它就不会咬你了。"他又转头对鳄狗说："你先松开国王。"鳄狗果然慢慢地松开了嘴巴。

然而国王眼珠一转，灵机一动，说："这样吧！我出一道数学题，如果你答对了，我就同意你养它；如果你答错了，就让这只鳄狗永远从我面前消失！"

小强看了看鳄狗，又看了看罗克，认真想了想，答应道："好！国王，你可要说话算话！"

国王一脸高傲地说："我可是国王，一言九鼎！那你听好了，我要出题了。一条铁路连接两座城镇，每小时有一列火车整点从一座城镇出发开往另一座城镇。所有的火车以同样的速度匀速前进，全程需要5小时。那么一次行程中，一列火车会遇到多少列火车？"

国王说完题目后，小强立刻用求救的眼神定定地看着罗克。

罗克疑惑道："小强，你看着我干吗？"

小强说："罗克，这么简单的题目肯定难不倒你吧。"

罗克自信满满地回答："那当然了，我已经算出结果了，就是……"

国王连忙打断罗克："等一下，这道题我是问小强的，其他人不能代替回答。"

罗克尴尬地看着小强，有些为难地说："这可怎么办呢？这样吧，我给你一点提示，你自己算吧。UBIQ！"罗克刚说完，UBIQ变成平板电脑飞到他手中。平板电脑的屏幕显示着一列火车出站时，遇到迎面进站的火车；当这列火车到达终点进站时，遇到正驶离站台的另一辆火车。

罗克开始给提示："当我们的火车开出站台的时候，正迎面进站的火车是遇到的第一列火车；当我们的火车到达终点站时，正

驶离站台的火车是遇到的最后一列火车。而途中，我们每隔半小时会遇到一列火车，也就是说途中共遇到9列火车。所以……"

听完罗克的提示，小强恍然大悟，说道："我知道了，答案是总共遇到11列火车。"

国王无奈地叹了口气，点头说："既然你答对了，那我就让你收养它吧。但是……"国王郑重其事地接着说："你一定要好好照顾它，对它不离不弃，做一个负责任的好主人。"

小强连忙点头答应："没问题！我一定会好好照顾它的！"说着，小强和鳄狗高兴地拥抱在一起，"这下好了，我在地球有新朋友了。我给你起个名字吧，叫什么名字好呢？"

花花在一边插嘴道："叫它'胆小鬼'好了，反正主人也是这么胆小。"

鳄狗顿时不开心地朝着花花一阵狂吠，吓得花花马上躲在国王后面求救："爸爸

57

救我！"

国王安抚好女儿，又想了想，说："我看，不如就叫多利吧！"

小强认真地重复着这个名字："多利？多利，多利，好听！"

鳄狗也开心地围着小强打转，似乎很满意这个新名字。

罗克问道："国王，你是怎样想到这个名字的？"

国王指着鳄狗的牙齿，害怕地回答："啧啧啧，你看看它的牙齿多锋利啊！这个名字最适合它了。"

鳄狗听到后，不满意地跳了起来，想要咬国王的手，以表示抗议。

国王吓得把手缩回来，大喊："哎呀呀！脾气真差！好了，我们就在这里住下吧！"

众人欢呼："太好了！"

花花、依依互相推搡，争先恐后地向城堡里的其他房间冲去。

花花大呼："我要挑最好的房间！"

依依不甘示弱地回应："切，先到先得！"

罗克看着大家开心地选房间，脸上露出了笑容，长舒了一口气，"呼！我终于解放了！"

列车相遇

思考问题是一个唤醒旧知，激发新思考的过程。解决行程问题一定会用到路程、速度、时间三要素，当条件不够的时候，还需要合理假设一个数据或者一个字母作为附加条件帮助理解。

例 题

一条铁路连接两座城镇。每小时有一列火车整点从一座城镇出发开往另一座城镇。所有的火车以同样的速度匀速前进，全程需要5小时。那么一次行程中，一列火车会遇到多少列火车？

方法点拨

方法一：假设法

这里没有告诉我们列车开出的时间，我们可以假设这列火车是在13点开出的，且刚好遇到一列火车，那么它遇到的第一列火车是13-5=8点从对面车站开出的。这列火车最后遇到的那列火车是13+5=18点开出的。8点到18点，每隔一小时就一列火车从另一座城镇开出，所以18-8=10（列），因为在刚开出和最后进站遇到的火车都要算，联想到植树问题中两端都植树的情况，所以这列火车共遇到11列火车。

方法二：行程问题

前后两列火车相距一个小时的路程，所以这列火车每半个小时会遇到一列迎面而来的火车，这列火车走完全程要5小时，所以5÷0.5=10（列），再算上火车开出站台的时候正遇到的迎面进站的第一列火车，所以总共遇到11列火车。

校长的鬼主意

聪明又狡猾的校长已经安静了很长一段时间，但他并没有销声匿迹，也没有痛改前非。校长在实验室里不耐烦地来回踱步，喃喃自语："只要有罗克那群家伙在，我统治世界的计划就不会顺利。"

一旁的Milk跟在校长身后，学着校长的神情和动作来回踱步。

校长背着手，Milk也跟着背着手，校长自言自语："我要给罗克他们一个教训，让他们以后再也不敢和我抢答愿望之码的题目。"

校长抱着双臂，Milk也抱着双臂，校长

接着说："但是我要怎样才能让他们知难而退呢？烦啊！"

校长突然停步，用手挠挠头，Milk也停了下来，挠挠头。校长疑惑地看着Milk，问道："Milk，你干吗学我啊？"

Milk跟着重复校长的话："你干吗学我啊？"

校长怒道："不准学我！"

Milk也怒道："不准学我！"

校长火冒三丈，看着Milk忍不住大骂："你这个大头鬼……"突然，他灵机一动，打了个响指，发出了一阵奸笑声："嘿嘿！"

Milk看着校长阴险的表情，不禁打了个冷战。

恐怖的声音

夜深人静的游乐园漆黑一片，残旧的游乐设施在暗淡的月色下显得格外阴森可怖。长长的滑梯空无一人，一只老鼠发出"吱吱"的声音，窜过破旧的旋转木马和随风摆动的生锈的摩天轮，溜进了国王等人居住的城堡内。

这时，"嗷呜——嗷呜——"的恐怖声音时断时续，弥漫了整个游乐园。

城堡内的一间卧室里，床上的被子高高隆起，被子里面的人瑟瑟发抖。

国王惊恐地从被子里面探出头来，用

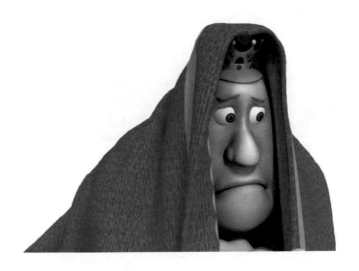

颤抖的声音大喊："快来人啊！加、减、乘、除，你们在哪里？"

突然，卧室的门被推开，一个高大威武的影子出现在房间的墙壁上。

国王犹如见到救星一样，开心地抬头一看，却愣住了，"花花，怎么是你？加、减、乘、除呢？"

花花回答："他们训练去了！"

国王满意地点点头，说："在我英明的领导下，他们变得越来越勤快了，不错不错。"

花花顺着国王的话说道："是的，我爸爸是最英明、最帅气的！"

　　想到刚才的恐怖声音，国王害怕地小声问道："花花，你妈妈是不是来了？我好像听到她的声音了！"

　　花花安慰道："爸爸，这可不是妈妈的呼噜声。妈妈的呼噜声是'呼噜！呼噜！呼噜……'"说着，花花模仿起妈妈的打呼声。

　　忽然，窗外又传来了那个恐怖的怪声："嗷呜——嗷呜——嗷呜——"。

国王连忙抱着花花躲进被子里面，两人害怕得浑身发抖。

花花小声地说："爸爸，你可是数学荒岛最帅气、最威武、最勇敢的国王，怎么能怕这个声音呢？"

听到女儿这么夸奖自己，国王假装镇定地说："我不是怕，我只是奇怪到底是谁这么晚发出这个声音，明天……明天我要把他抓起来。"

"嗷呜——嗷呜——嗷呜——"这个恐怖的声音好像越来越响了，国王和花花只好把被子捂得更紧。

花花哆嗦着说："爸爸，你太胆小了，今晚我陪你吧，给你壮胆。"

国王也哆嗦着说："好好好！我的乖女儿！"

分数与份数的转化

在数学学习中出现一个数是另一个数的几分之几，这个数通常被认为是这个分数的单位"1"，有时各个分数的单位"1"容易被混淆，这时候要转化思想，把分数转化为份数。

男生比女生多 $\dfrac{3}{8}$ ➡ 　1. 男生是（11）份
　2. 女生是（8）份
　3. 全班是（19）份

例 题

有大、小两筐苹果，小筐苹果的重量是大筐的四分之一，如果从大筐中取出10.5千克苹果放入小筐，则两筐苹果的重量相等，大小两筐各有多少千克苹果？

小筐苹果看成1份，大筐苹果看成4份，两筐一共有5份，重量相等时各有2.5份。

小筐有10.5÷（2.5-1）=7（千克）

大筐有7×4=28（千克）

牛刀小试

　　爷爷坐火车回老家，当火车开过全程的二分之一时，他开始睡觉，醒来时发现剩下的路程是他睡觉时火车走过路程的二分之一，那么他睡觉时火车行驶了全程的几分之几？

比妖怪更可怕的人

第二天一早，学校的教室内，罗克、依依、小强等人已经落座，有的在嬉笑聊天，有的在看书写字，有的在打呼睡觉。

花花低着头，迈着沉重的步伐走进教室，她垂头丧气地走到正在聊天的罗克、依依、小强、UBIQ面前，没精打采地打了个招呼："早上好！"

小强疑惑道："咦，花花你不是早该到学校了吗？"

依依附和道："对啊，早上去喊你上学，你的房间里都没有人，我们都以为你早

来学校了！"

花花抬起头来，一对巨大的黑眼圈吓坏了大家。

罗克惊道："好大的一对熊猫眼啊！"UBIQ也不停点头。

花花没好气地回答道："别说了，我昨晚一夜没有睡！难道你们没有听到那个声音吗？"

依依和小强疑惑地相互看了一眼，异口同声地问："什么声音？"

花花很惊讶，回答道："就是那'嗷呜——嗷呜——'的声音啊！"

小强、依依又相互看了看对方，摇了摇头，说："真没有！"

罗克好像想到了什么，神神秘秘地问道："花花，难道你们听到的是……"罗克

故意做了一个可怕的鬼脸，两手像鬼爪一样乱抓。

小强立马躲到依依身后，颤抖着身体，害怕地说："好可怕！我们家里竟然有这种东西？"

依依揶揄道："胆小鬼！"

这时，上课铃声响起，班主任不知道什么时候站在小强身后，她拍了拍他的肩膀，叫道："小强……"。

小强突然被拍了一下，吓得整个人弹跳起来，大喊："救命啊！鬼呀！"

班主任没好气地摇了摇头，说："你们可别自己吓自己了，世界上哪有鬼？我们准备上课吧！"

大家各自回到座位上，班主任来到讲台上，定了定神，说："我们开始上课。今天问大家一个有趣的数学题吧。"

　　班主任一边在黑板上写题目，一边问："题目是这样的——小强和依依每人有一包糖，但是不知道每包里有几块。小强给了依依8块，依依又给了小强12块，这时两人的糖的块数正好一样。同学们，你们说原来谁的糖多，多几块？谁来回答这道题呢？"

　　班主任环顾四周，没有一个同学举手回答，甚至有的同学还躲避班主任的目光，生怕被点名。这时，班主任看见花花无精打采地趴在桌子上，就喊道："花花，你来回答这道题吧！"

　　花花迷迷糊糊地站起来，一脸茫然地说："我？老师，稍等一下。"说着，花花拿出一朵小花，开始撕花瓣，一边撕一边说："小强多，依依多，小强多，依依多……"

　　班主任感到一阵头痛，只好叫停："花

花，做数学题可不能用这样的方法哦！好吧，我们让罗克来解答。"

罗克无奈地耸了耸肩，站起来淡定地说："答案是依依原来的糖比小强的多了8块。"

班主任满意地点了点头，继续问道："那你是怎样算出来的呢？"

罗克答道："这还不简单。UBIQ！"UBIQ变成平板电脑飞到罗克手中。"小强给依依8块，就相当于依依多了16块；依依给小强12块，相当于依依少了24块，此时二人糖的数量相等，即依依原本比小强多24−16=8（块）。"UBIQ随着罗克的解说显示着算式。

听完罗克的解答，班主任拍掌称赞："回答得很好！我们继续上课吧。"

花花闷闷不乐地坐下，嘴里不服气地小声嘟囔："哼，这有什么了不起的，不是依依多，就是小强多啦！"

这时，一个纸团飞到花花的桌面上，

花花勉强睁开熊猫眼，朝纸团飞来的方向看去，只见依依探着头压低声音对她说："不如，今晚放学后，我们去探险吧？"

花花一时间没反应过来，问道："探险？"

一旁的罗克也探头加了进来，插嘴问道："到哪里去探险？"

依依打了个响指，得意地说："游乐园！"花花马上开心地赞成："太好了！顺便把吵我睡觉的家伙找出来！"

小强颤抖着声音拒绝："呃……今天放学，我还要帮国王打酱油呢，我就不……"

依依盯着小强，手里甩着抹布，威胁道："你敢不去，就别怪我对你不客气了！"小强迫于依依的抹布只好屈服了。

依依接着问罗克："你今晚不会也要去打酱油吧？"

罗克咽了一下口水，说："今天好像挺忙的，我可能要……"

依依准备把抹布丢到罗克脸上的时候，

他马上补充道："要和你们一起去探险啊！"

依依收起抹布，满意地点了点头。

小强偷偷挪到罗克的身旁，小声对他说："我发现依依比妖怪更可怕！"罗克不停点头，表示赞同。

另一边，花花不知道什么时候又拿出一朵花，撕起花瓣来，一边撕一边念叨："抓得到，抓不到，抓得到，抓不到，抓得到……啊！抓不到！不行，重来。"得到不是自己想要的结果，花花又拿出一朵新的花朵，接着念叨："抓得到，抓不到……抓得到！"花花兴奋的呼喊声吸引了全班同学的目光，但她毫不在乎。

还原问题

班主任写的题目属于还原问题，解答还原问题一般采用倒推法，这类问题是训练逆向思维和培养推理能力的好素材。

例 题

罗克有一个大书架，分上中下三层，共有498本书，如果从上层搬4本书到中层，又从中层搬10本书到下层，那么书架的上中下三层的图书本数相等，你能求出原来上中下三层各有多少本书吗？

方法点拨

最后三层书的数量相同，都是498÷3=166本。

从最后情况开始逆着把每一步的量进行还原，

78

还原过程如下：

	上层/本	中层/本	下层/本
最后结果	166	166	166
第二次搬书前	166	176	156
第一次搬书前（原来）	170	172	156

列式如下：

下层：166-10=156（本）

中层：166+10-4=172（本）

上层：166+4=170（本）

牛刀小试

　　三棵树上停着36只鸟，如果从第一棵树上飞6只到第二棵树上去，再从第二棵树上飞4只到第三棵树上去，那么这三棵树上小鸟的只数相等，原来每棵树上分别有多少只鸟？

79

一起去探险喽！

下课铃声响起，池塘里的青蛙呱呱叫着："放学了！放学了！"

等到夜幕降临，罗克、依依、花花、小强一行人走在破旧的游乐园中，恐怖的声音依然环绕四周："嗷呜——嗷呜——"生锈的摩天轮在风中轻轻摇晃，发出"吱呀"的响声，掉了颜色、面目残破的旋转木马显得格外吓人。这时，罗克一行人还没有发现，有两个神秘的黑影暗中跟着他们。

小强走在队伍的最后，他环顾四周，突然发现一个鬼鬼祟祟的黑影缩到游乐园的一

个角落里。小强赶紧叫住大家："等等！"

罗克转身，问道："小强，怎么了？"

小强指着那个角落，害怕地说："那里……好像有人。"

花花一听，马上躲在罗克背后，紧张地问："啊？在哪里？"

"哪里有人？"依依镇定地向前一步，四处查看了一下，"没有人啊！"

听到依依的话，花花从罗克的背后跳出来，抱怨道："小强，你别吓唬人好不好？"

小强一脸委屈地解释："我真的看到有人，你们相信我吧！"

罗克拍了拍小强的肩膀，安慰他说："好了好了，你这是心理作用，你要勇敢点儿啊！"旁边的UBIQ也不停地点头同意。

众人继续前行，小强用力把流下来的鼻涕吸了回去，鼓起勇气说："今天作业还挺多的，不如我们回家做作业吧？"说完，小强转身就要走。

谁知依依一把揪住小强的衣领，拿出抹布，威胁他说："少废话！跟我们走！"

　　花花也上前拉着小强，说："连我这么可爱的公主都敢去探险，小强你好意思退缩吗？"

　　UBIQ点头表示同意。

　　罗克附和道："小强，连UBIQ都笑你了，争点气啊，我们可不能输给女生哦。"

　　面对大家的要求，小强郁闷得快要哭了，说："今天班主任布置了一道超级难的数学题，我可能要通宵才能做出来啊！"

　　依依叹气，无奈地说："什么数学题？你现在说出来，让罗克帮你好了！"

　　小强听到依依的话很开心，立即打开书包拿出作业本，递给罗克，说："就是这道题，你看看。"

　　罗克无奈接过作业本，说："好吧，我帮你看看。"

　　作业本上的题目是这样的：小帆和两个

小伙伴在田野挖洞，洞的大小完全相同。小帆与小文合作时，他们挖一个洞用了4天；小帆与小奇合作时，他们挖一个洞用了3天；小文与小奇合作时，他们挖一个洞用了2天。那么，小帆单独工作时挖一个洞要用几天呢？"

罗克看着题目，认真地思考起来，不一会儿，他说："这个问题嘛，我需要UBIQ帮忙。"

UBIQ迅速变成平板电脑飞到罗克的手中，罗克一边写下计算公式，一边解说："用一天时间，小帆和小文能挖 $\frac{1}{4}$ 个洞，小帆和小奇能挖 $\frac{1}{3}$ 个洞，小文和小奇能挖 $\frac{1}{2}$ 个洞。我们假定小帆有一个孪生兄弟，如果他完成的工作量与小帆完全一样，那么小帆、小帆的孪生兄弟、小文和小奇4个人合作一天，他们将挖 $(\frac{1}{4}+\frac{1}{3})$ 个洞，即 $\frac{7}{12}$ 个洞。由于小文和小奇合作，每天能挖 $\frac{6}{12}$ 个洞，所以小帆与他的孪生兄弟每天能挖 $\frac{1}{12}$ 个洞。由

此可以知道小帆单独工作的话，一天能挖$\frac{1}{24}$个洞。所以小帆要用24天才能挖1个洞。"

小强听完之后，一脸仰慕地看着罗克："哇，罗克你太厉害了！"

"嘿嘿，这有什么难的！"罗克一脸得意。

这时，不远处又有奇怪的声音传来，众人大惊，立刻缩成一团。

罗克仔细地听着，循着声音传来的方向看过去，只见阴暗的角落里有一间小木屋，他指着小木屋说道："你们听，声音好像是从那间小木屋传出来的。"

众人点头，一起慢慢地向小木屋靠近。

奇怪的声音越来越明显了，花花推着小强向前，说："小强，现在锻炼你胆量的时候到了，你去开门！"小强拼命抓住罗克一动不动。

依依佯装淡定地走上前说："看我的！"然后一鼓作气冲向小木屋，对着门口

狠狠地踹了一脚。

在依依的猛烈"攻击"下，原本已经摇摇欲坠的小木屋抖了几下后，"砰"的一声巨响，散架了，小木屋的四面墙同时向四周倒下，扬起一片烟尘。

众人急切又小心地查看小木屋里面的情况。待烟尘散去后，只见坐在马桶上一边看报纸一边方便的国王一脸震惊地看着他们。而之前那个奇怪的声音，就是他用力方便时发出来的。

众人愣住了，异口同声地说："国王？"

受到惊吓的国王看到这么多人站在他的面前，立刻用报纸挡住了自己的身体，怒道："呀！你们干吗？难道不知道进门之前要敲门吗？"

依依尴尬地道歉："呃，不好意思，打扰了，您继续吧！"

"讨厌！"国王骂了一句，然后举起报纸，继续一边看，一边方便。罗克等人也转身离开。

这时，那个"嗷呜——嗷呜——"的可怕声音又响了起来。

花花抖了抖浑身的鸡皮疙瘩，问道："可恶！那个声音到底是哪里传出来的？"

罗克说："这次让UBIQ出马吧！"

UBIQ发出"嘟嘟嘟"的声音，屏幕上出现一个喇叭状的符号，符号不停跳动，时快时慢。

罗克跟大家解释道："它在探测声音的来源。"

这时，UBIQ屏幕上的符号突然停止跳动，随即屏幕上出现一个箭头，指向他们右手边的一条阴暗小路。

罗克说："我们过去看看吧！"众人点头，一起向着小路走去。

工程问题

在工程问题中，一般会出现三个量：工作总量、工作时间（完成工作总量所需的时间）和工作效率（单位时间内完成的工作量）。

这三个量之间有下述一些关系式：

工作效率×工作时间＝工作总量

工作总量÷工作时间＝工作效率

工作总量÷工作效率＝工作时间

通常把工作总量看成一个整体，用"1"来表示。

例 题

小帆和两个小伙伴在田野挖洞，洞的大小完全相同。小帆与小文合作时，他们挖一个洞用了4天；小帆与小奇合作时，他们挖一个洞用了3天；小文与小奇合作时，他们挖一个洞用了2天。那么，小帆单独工作时挖一个洞要用几天呢？

这里除了用到工程问题的基本数量关系，还用到了整体思考方法。

用一天时间，小帆和小文能挖 $\frac{1}{4}$ 个洞，小帆和小奇能挖 $\frac{1}{3}$ 个洞，小文和小奇能挖 $\frac{1}{2}$ 个洞。小帆+小文+小帆+小奇+小文+小奇一天的工作总量是 $\frac{1}{4}+\frac{1}{3}+\frac{1}{2}=\frac{13}{12}$，仔细观察，发现这里小帆、小文、小奇都重复了一次，所以三个人一天的工作总量是：$\frac{13}{12}\div2=\frac{13}{24}$。

而小文和小奇一天能挖 $\frac{1}{2}$ 个洞，所以小帆单独工作的话，每天能挖（$\frac{13}{24}-\frac{1}{2}$）个洞，即 $\frac{1}{24}$ 个洞，挖一个洞要用24天。

牛刀小试

一项工程，甲单独完成要50天，乙单独完成要70天。现在先由甲做1天，然后由乙做2天，再由甲做3天，接着由乙做4天……两人如此交替工作，完成这项工程共需多少天？

奇怪的冒险屋

众人按照UBIQ屏幕上的箭头指向沿着小路一直前行，两边的树木越来越多，显得更加阴森可怕。他们好不容易走到小路的尽头，发现前面有一座破旧的房子。房子上还挂着一块残缺的牌子，上面写着"冒险屋"三个字。UBIQ屏幕上的箭头，就指向这里。

罗克说："看来是这里了。"

依依推测道："这个冒险屋这么破旧，应该好久没有人来过了吧？"

小强双腿发抖，弱弱地问道："你们确定要进去吗？好像有点可怕哦！"

　　花花经过之前的一场闹剧后放松了许多，说："不怕，我们一起进去吧！"

　　小强却还是老样子，害怕地想拒绝，"啊？能不能不进去啊？"

　　依依鼓起勇气说："走吧！有我在，怕什么！"说完，依依一把拎起小强，带头进入冒险屋，罗克、UBIQ和花花跟在后面。

　　众人全部进入屋内的一刹那，突然一道石门"砰"的一声从上面降下来，把众人身后

的入口堵上了。

正当大家慌乱时，门上出现了两个黑影，甚是诡异。

周期问题

花花喜欢撕花瓣占卜，去冒险屋之前，她也通过撕花瓣来决定进不进去，"进去，不进去，进去，不进去，进去……"。花花的撕花瓣行为也暗藏着数学规律——周期问题。什么是周期问题，简单说周期问题就是"周而复始有规律"。

例 题

花花撕花瓣占卜时，每说一个字就撕一片花瓣，问：花花撕了100片花瓣时说的是哪个字？这个字一共说了多少次？

方法点拨

花花的念叨是有规律的，按"进去，不进去"5个字为周期重复着。

由于100÷5=20，所以念到100个字的时候已经重复了20个周期。

"进去，不进去"最后1个字是"去"，而每个周期中有2个"去"字，所以"去"这个字一共说了2×20=40（次）。

牛刀小试

2019年3月8日是星期五，请问7月1日是星期几？

幽灵也怕火

　　石门突然降下，把冒险屋内的罗克、小强、花花和依依吓了一大跳。

　　黑暗中，小强抓着罗克不停地大喊："哎呀！怎么门自己关了？我们怎么出去啊？这里好黑啊！好可怕啊！"

　　依依被小强吵得不耐烦，吼道："小强，你安静一下！"

　　罗克立刻让UBIQ变成了手电筒，他拿着手电筒照亮了四周，四人的心这才稍微安定下来。

　　这像是一个矿洞，在他们面前有一条长

95

长的铁轨和几个洞口。众人小心翼翼地沿着铁轨往前走着。

依依忐忑不安地问："这里不会真的有幽灵吧？"

罗克安慰道："怎么可能呢！"

小强搂着花花，带着哭腔说："花花公主，你可要保护我啊！"

花花推着小强说："你站前面，我在后面保护你。"

小强不太相信花花的话，指着她的腿问："但是花花，你的腿怎么在发抖啊？"

花花又怕又气地说："你不说话，没人把你当哑巴！"花花准备回头教训小强的时候，一个带着可怕笑脸的南瓜头突然从她的眼前飞过。花花目瞪口呆，吓得一时喊不出话来。

另一边，一只披着黑布的"幽灵"慢慢地飘到小强的身后，拍了拍他的肩膀。

小强疑惑地问道："罗克，你拍我干吗？"

此时站在小强、花花前面的罗克说：
"我没有拍你啊！"

"幽灵"又拍了拍小强的另一边肩膀，
他转头，看见身后的"幽灵"，惊恐地大叫
起来："啊！幽灵啊！"

花花也回过神来，大喊道："妖怪
啊！"

花花、小强迅速躲到依依的身后。依依
单手甩着抹布，挡在两人的前面，帅气地说
道："幽灵在哪里？看我怎么对付它！"

但这时，"幽灵"和飘浮的南瓜头已经
不知去向了。

矿洞的暗处，Milk驮着校长，披着黑布，躲在石头的后面。原来这一切都是校长搞的鬼。

Milk抱怨道："重死了！校长，你个子小小的，怎么这么重啊！"

"什么？你还嫌我重，我的身材可是很标准的！"校长自信地反驳道，"好了，别废话，我们继续吧！"

此时，罗克他们这边，依依喊了很久都没有把"幽灵"喊出来，但是他们的周围却出现了飘浮着的淡绿色火苗。

依依疑惑道："怎么会有火飘在空中？"

小强哭得鼻涕眼泪都流了出来，结结巴巴地说："这……这……这不是鬼火吗？我都说了，叫你们别来了！"

花花也瑟瑟发抖地说："不如，我们赶紧走吧！"

"不，先别走。"罗克说道，"这事有点奇怪，UBIQ，你说呢？"UBIQ拼命地点

头，表示同意。

罗克朝着黑暗处放声大喊："到底是谁在那儿装神弄鬼？"

躲在暗处的校长得意地和Milk小声说："嘿嘿，Milk，你看他们害怕的样子多搞笑，真是太好玩了。"

Milk附和道："是是是，很好玩，但只有你自己一个人玩，太没意思了。"

校长从一个袋子里拿出一把磷粉撒在空中，磷粉一下子就变成了一束束小小的淡绿色火苗。

校长得意地对Milk说："看到没有，磷粉遇到空气就会自燃，变成吓人的鬼火。"他边把袋子递给Milk边说："来，给你玩一下，帮我撒多一些。"

Milk和校长拼命地往空中撒磷粉，两人玩得得意忘形。谁知磷粉撒得太多，一束火苗落在他们披着的黑布上，烧着了。

Milk用力地吸了吸鼻子，空气中弥漫着

一丝奇怪的味道，他问道："校长，你闻到什么味道了吗？好难闻呀！"

校长惊讶，心想：难道他发现我刚才偷偷放屁了？校长担忧之际，黑布已经飘起了烟。

Milk大惊，"啊！校长，快看我们脚下！"

校长低头一看，只见黑布的下方已经烧了起来，他吓得从Milk的肩膀上摔了下去，大喊："救命啊！"

罗克、依依等人听到校长的呼救声，吓了一跳。

依依疑惑地问："咦，幽灵竟然会喊救命？"

"我们过去看看。"说着，罗克向校长那边跑了过去，其他人连忙跟上。

浓烟一直往上升，房子上方的消防感应器响起了警报声，随即洒出水来，把校长和Milk身上的火浇灭了，飘在半空中的鬼火也

一起消失了。

校长生气地责怪Milk："都怪你，撒这么多干吗？"

Milk很是郁闷，反驳道："还不是你下的命令！"

这时，依依等人跑到校长和Milk身边，罗克冲上前去，一下子掀掉他们身上的黑布，说："让我看看你的真面目吧！"

谁知掀开黑布后，罗克一行人看到的是一张吓人的小丑面具。众人吓了一大跳，退后数步。罗克不忿地说道："啊？还有一张面具？"

原来，就在黑布被揭开的一刹那，校长快速地戴上了一张面具，而Milk及时隐身，没有被罗克他们发现。

面具下的校长得意地伸出舌头，朝罗克做了一个鬼脸，然后拉着隐身的Milk转身就跑。

分段收费问题

你知道生活中水费、电费、打车费的收取标准吗？这些收费遵循一个共同的原则：分段收费。

例 题

某市为了鼓励居民节约用电，对用电的收费标准作如下规定：每月用电量不超过200度（含200度）的，每度电收费0.45元；每月用电量超过200度的，超过部分每度电收0.65元。小强家6月30日电表度数是781.5度，7月31日电表度数是1049.5度。小强家7月份应交电费多少元？

方法点拨

此题收费标准分为两段，前200度按每度0.45元的标准收费，超过200度的部分按每度0.65元标准收费。

从电表度数可知7月用电：1049.5−781.5=268（度）

超过200度的部分为：268-200=68（度）

200×0.45+68×0.65=134.2（元）

在一个停车场停车一次至少要交费8元。如果停车时间超过3小时，每多停一小时要多交4.5元，不足一小时按一小时计费。一辆汽车在离开时交了44元，这辆车最长停了多长时间？

103

飞跃吧！煤矿车

罗克连忙招呼大家跟上去，"追！"

依依紧随在后，喊道："别让他们跑了！"

小强和花花互相看了一眼，然后跟在罗克和依依身后追了过去，异口同声地大喊："等等，别丢下我们！"

校长和Milk跑到一段残旧的铁轨前，迅速跳上一辆摇摇晃晃的煤矿车，操纵煤矿车顺着铁轨飞速前进。

煤矿车上，校长转身对追上来的罗克等人又做了一个鬼脸，得意地说："嘿嘿，有本事就跟上来呀！"

罗克气愤地砸了下拳头，"可恶！"

花花指着铁轨上的另一辆煤矿车，说："那里还有辆车！"

罗克立刻跑了过去，兴奋地说："太好了！"

众人跳上煤矿车，罗克快速拉下车上的控制杆，残旧的煤矿车逐渐加速，追赶着前面校长乘坐的车。虽然他们的车跑得飞快，但要追上校长那辆车，还要加快速度。

这时，UBIQ变回机器人的形态。它伸出右手，右手变成一个探测器，向校长乘坐的车发射红外线。

依依疑惑地问道："UBIQ在干吗？"

"它在探测前面那辆车的速度。"罗克解释道。

红外线探测的信息反馈在UBIQ的屏幕上，上面显示"20千米/时"。

依依问大家："现在前面的煤矿车已经开出100米，速度是20千米/时，如果我们把车速

提到前车的两倍，即40千米/时，我们要多久才能追上前车？"

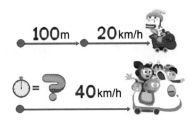

罗克立刻答道："这太简单了，答案是18秒！"

缩在一旁的花花怀疑地问："罗克，你是怎样算出来的？"

罗克自信满满地回答道："你们听好了！设追上前车所用时间为t小时，可以列出等式 $20\,000t+100=40\,000t$，解出 $t=0.005$ 小时，然后把小时换算成秒，就是 $0.005\times60\times60=18$（秒）。"

听完罗克的解题方法，依依、花花、小强点点头，表示自己听懂了。

依依问道："既然现在我们知道时间了，接下来要怎么做呢？"

罗克自信地说："那就简单了！UBIQ，变成动力助推器吧！"

UBIQ一跃而起，变成一个动力助推器，安装在煤矿车的后面，助推器喷出加速火焰，煤矿车像过山车一样飞快地前进。

罗克兴奋地坐在车头大喊："UBIQ，好样的！"

但是依依、小强和花花却不太好受了。

车子越来越快，风呼呼地吹，依依的头发被风吹得向后翻动，小强的鼻涕也随风四处飘散。

花花双手紧紧抓住扶手，被风吹得流出眼泪，她慌乱地大喊："UBIQ！慢点！慢点！我最讨厌坐过山车了！"

这时，罗克他们的车终于要追上校长的车了。

罗克对着前面的车大喊："喂！追上你们了！乖乖投降吧！"

两辆煤矿车越来越近，但校长一脸淡定地说："嘿嘿，想抓我？没那么容易！"

说着，校长突然拉动铁轨边的改道手柄，让自己这辆煤矿车快速转换到另一条铁轨上行驶。

等罗克赶上去想切换轨道的时候，却已经错过了时机。

就这样，罗克一行人只能郁闷地看着校长得意扬扬地吹着口哨扬长而去。

罗克不忿地说道："可恶！差点就追上他们了。"

还没有等罗克冷静下来，他们的煤矿车已经冲出了矿洞，行驶在一个露天的轨道上。众人定睛一看，原来这真的是游乐园里的过山车。他们在高高的铁轨上往下看，眼前是一个又一个急转直下、翻转回旋的超级弯道。

车子加速前进着，花花捂住眼睛大喊："啊！果然是我最不喜欢的过山车！"

但罗克和依依却觉得非常刺激好玩。

小强看着前方，忽然露出了害怕的表情，颤抖着指着前方说："不……不好了，大……大家看……"

大家顺着他指的方向一看，只见前方50

米处悬空的地方有一处铁轨断裂，间隔了1米左右。众人大惊失色。

依依害怕地喊道："罗克，快让车子停下来啊！"

罗克神情凝重地说："来不及了！"

花花大喊："那怎么办啊？"

"那我们就飞过去！"罗克心一横，大喊："UBIQ，把速度加到最快！"

UBIQ变成的动力助推器突然喷出一道红色的火焰，煤矿车"嗖"地一下极速冲向

前方，径直冲出轨道，飞到了半空中。

罗克、依依、花花和小强四人惊呼，眼看就要飞到对面轨道，结果在半空中煤矿车突然向下掉落。

千钧一发之际，UBIQ瞬间变回了机器人形态，伸长双手，抓住对面的铁轨边缘，双脚钩住车子，将它甩上了轨道。众人终于顺利度过了危机。

罗克松了口气，拍拍胸口说："太惊险了！"

花花很生气，发誓说："如果我抓到那个戴面具的小丑，一定要罚他坐十次过山车！"

这时，罗克等人的车子行驶到轨道尽头，尽头停着一辆空的煤矿车，是刚刚校长乘坐的车。

依依疑惑地问："人呢？怎么不见了？"

花花昂起头，说："哼！肯定是怕了我，跑了呗。"

小强小声地吐槽道："刚才不知道是谁

快要吓哭了！"

花花狠狠地瞪了小强一眼，说："就你多嘴！"

"他们应该还没有走远，我们追！"罗克一边说着，一边朝着出口跑去。

依依、花花、小强连忙跟上。

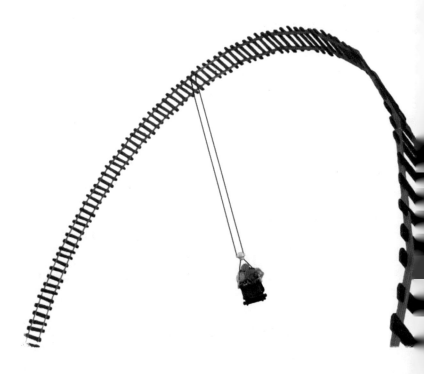

追及问题

追及问题和相遇问题是行程问题中比较经典的两种题型。追及问题是同一方向上的一前一后，后者不断缩短与前者的差距，最后终于追上。追及问题最常用的公式是：路程差÷速度差=追及时间，除了公式法，方程法也是常用的方法，方程法常用的数量关系是追上时前者、后者的路程相等。

不论哪种方法都要特别注意单位统一。

例 题

两辆煤矿车正在追逐，前面煤矿车的速度是20千米/时，且已经开出100米，如果把后面煤矿车的车速提到前车的两倍，即40千米/时，后面的车要多少秒才能追上前面的车？

在计算这道题时，除了罗克用的方程法，还可以用公式法。计算时需要注意时间和距离的单位换算。两辆煤矿车路程差为100米，速度差为（40千米/时−20千米/时），即20千米/时。追击时间为：（100÷1000）÷20=0.005（时）=18（秒）。所以只需要18秒后面的车就可以追上前面的车。

牛刀小试

甲、乙两辆巴士从A地出发到B地，甲巴士每小时行60千米，乙巴士每小时行45千米，甲巴士在乙巴士出发后20分钟才出发，问甲巴士要经过多少时间才追上乙巴士？

魔镜魔镜

　　罗克一行人追到矿洞出口处，刚走了两步，突然感觉脚下一空，大家都掉进了一个坑里。

　　这个坑下面是一条长长的地下隧道。

　　在这个隧道内，他们像坐滑梯一样一直向下滑去。"啊——"众人的惊呼声响遍了整条隧道。

　　不知过了多久，他们掉进了一个奇怪的房间里面，四人惊魂未定地抬头一看，只见房间四面摆着各种各样的镜子。

　　罗克摸了摸脑袋爬起来，疑惑地问道：

"这是哪里啊？"

小强望了下四周，摸着房间里的镜子说："咦，怎么到处都是镜子啊？"

这时，花花回过神来，站在镜子前面摆着各种姿势，美滋滋地说："嘿嘿，爸爸在这里的话一定开心死了！"

依依看着房间里的各种镜子，感到一阵不安，于是问罗克："罗克，你有没有觉得这里很奇怪？"

罗克连忙点头，"赞同！"

UBIQ也不停地点头，屏幕上还显示出"小心！小心！"的字样。

罗克温柔地拍了拍UBIQ的脑袋，安慰它说："放心，UBIQ，我们会注意安全的。"

当花花沉醉于照镜子的时候，她的头发突然被人扯了一下。花花一惊，立刻问道："是谁扯我的头发？"

紧接着，罗克也突然被人拍了一下脑袋，"是谁拍我的脑袋？"

大家还没有反应过来的时候，又听到了小强的声音："啊！你们看，镜子里面怎么有人？"小强指着面前的镜子，惊讶地问道。

大家立刻朝小强指的镜子看去，镜子里面竟然出现了那个他们一直在找的戴着小丑面具的人。

他们还不知道，刚刚扯花花头发、拍罗克脑袋的就是隐身的Milk。

"这面镜子也有！"

"这里也有！"

众人环顾四周，镜子里全都有小丑的身影。

罗克一时不知所措，慌张地说："到处都是他！"

"哈哈哈哈！"校长的奸笑声从四面八方传来。他在镜子里面得意地说："这次只是给你们一个小小的教训，劝你们以后不要多管闲事！"

　　花花暗暗给自己壮了壮胆，上前一步质问道："你这个丑八怪到底是什么人？"

　　校长的笑容僵住了，他生气地反驳说："什么丑八怪？你居然说我丑？我明明是这个小镇最帅的校长！"校长突然意识到自己说漏了嘴，赶紧用手捂住嘴巴。

　　罗克他们惊愕地看着小丑，异口同声地问道："校长？"

　　"什么校长，我才没说我是校长！嘿嘿，有本事就来揭开我的面具啊！"校长连忙否认。

"好！那就让我看看你到底是谁！"花花快步冲上前去，结果"砰"的一声，撞到了镜子上。"哎呀！"花花痛得捂住额头，大喊起来。

罗克认真地观察着四周，问道："UBIQ，这么多镜子，你知道他藏在哪面镜子后面吗？"

UBIQ点头，举起右手，变成热能探测器去扫描镜子。UBIQ在其中一面镜子处扫到了两个红色的热能体，立刻指着那面镜子，发出"嘟嘟嘟"的声音。

罗克露出笑容，说："找到你了！大家追！"说着，罗克一马当先地冲了过去。

"不好！"校长发现自己的位置暴露了，立刻和隐身的Milk一起从镜子后面跑出来，向旁边的一道暗门逃去。

"原来那里有出口！别让他跑了！"罗克一边喊，一边带着依依等人追了上去。

校长和Milk逃到了一门礼炮旁，校长冷

笑一声，说："幸亏我早有准备！"说着，他快速地爬上礼炮，钻进了炮口，然后往外探出半个身子，命令Milk："Milk，快点火！"

"是！"Milk拿出打火机，点燃了礼炮的引线。

原来，校长是打算用礼炮把自己发射出去。

这时，罗克、依依等人追来，依依看到这个情况，立刻甩动手中的抹布，朝校长的脸扔了过去："想逃？看我的！"

校长一手接住抹布，狠狠地甩掉，不耐烦地说："哼，小把戏！我没时间陪你们玩

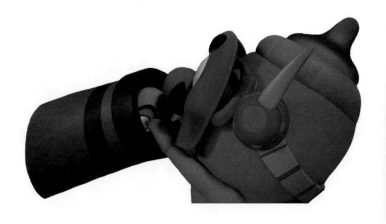

了……哎呀，怎么回事？"

突然，校长的身体好像被人不停地往里面挤压一样，奇怪地扭来扭去。原来是隐身的Milk点燃引线后，也要挤到炮口里面，和校长一起飞走。

校长烦躁地叫道："Milk，别挤！别挤！"

罗克惊讶地问："Milk？那么你真的就是校长了？"

校长意识到自己又说漏嘴了，尴尬地说："呃……讨厌！居然被你们认出来了！"

花花生气地骂道："果然是校长！太可

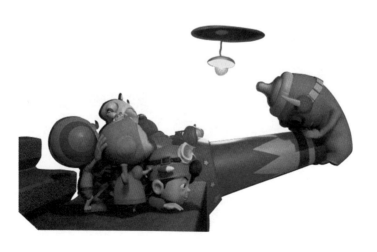

恶了！我要让爸爸把你抓起来。"

校长做了个鬼脸，一脸得意地说："嘿嘿，来啊，来啊，有本事就来抓我！"

罗克、依依和花花准备冲向礼炮的时候，UBIQ突然伸手拉住了他们。

罗克疑惑地看着它，问："UBIQ，怎么了？为什么拦住我们？"

UBIQ的屏幕上显示出"危险"两个字，然后它又指着引线，只见大炮的引线已经要烧到底了。

罗克立刻紧张地大声喊道："危险！大家快趴下！"

大家迅速趴在了地上，只听见"砰"的一声巨响，校长和Milk被发射了出去。

罗克等人站起来，看着两人的身影越飞越高、越飞越远，远处还隐约传来他们的叫声。

"Milk，降落伞呢？你是不是忘记拿了？"

"不是你负责拿吗？"

这时，天空中出现了漂亮的烟花，在黑色夜幕的衬托下，烟花显得格外漂亮。

　　花花看着烟花赞叹道："哇，好美啊！"

　　依依摇头，叹了口气道："可惜让校长他们逃走了！"

　　"没关系，至少现在知道是他们搞的鬼，以后你们就不用再害怕什么幽灵了。"罗克满意地说。

　　小强突然指着礼炮旁边的包裹说："咦，这是什么？"大家打开一看，原来是校长他们落下的两顶降落伞。

　　罗克和他的小伙伴们看着美丽的烟花，开心地大笑了起来。

镜子中的数学

正常照镜子的时候，镜子外面的人和镜子里面的像形成镜面对称，镜面对称的一个特征是左右相反如下图，虚线代表镜子，镜子外的人（左侧）用右手拿瓶喝水，镜子里的人（右侧）却是用左手喝水。

例 题

右面是罗克从镜子中看到的钟表，你知道此时真正的时间是多少吗？

　　镜子中看到的钟表与实际的钟表是左右对称的，即看到的右边实际是左边。以12点与6点的连线为对称轴，作时针和分针关于这条直线的对称图形，所以准确时间是11:00。

　　平时做题还可以通过镜子去看"镜子里看到的钟面"，或者将纸反过来，迎着阳光看，也能看出实际的时间，你可以试试。

牛刀小试

左图是从镜子中看到的钟面，实际时间是多少？

125

参考答案

城堡新家

2. 备受困扰的罗克

【荒岛课堂】点数与列式计算

【答案提示】

可一天天数。也可列式计算：20-2+1=19（天）

3. 电视争夺战

【荒岛课堂】分数应用题

【答案提示】

首先明确女生占全校人数的九分之五。

设荒岛小学一共有x个学生，列方程得：

$$\frac{5}{9}x - \frac{4}{9}x = 60$$

$$解得 \quad x=540$$

4. 地球人眼中的外星人

【荒岛课堂】等差数列求和问题

【答案提示】

先要想清楚一共有50个数，可以配成25对，（1+99）×50÷2=2500。

● 5. 破旧的游乐园

【荒岛课堂】求圆的周长

【答案提示】

方法提示1：实线分为三部分，两个小半圆组成一个小圆，算一个小圆周长；一个大的半圆，算半个大圆周长。

3.14×8+3.14×2×8÷2=50.24

方法提示2：更进一步观察，两个小半圆的周长=大半圆的周长，实线总长=一个大圆的周长。

● 6. 进入城堡大门

【荒岛课堂】公倍数与最小公倍数

【答案提示】

按题意分棒棒糖，甲、乙、丙三组同学分别能分到20、15、12根棒棒糖，所以棒棒糖的总数一定是这三个数的公倍数。

先求出这三个数的最小公倍数是60，因为棒棒糖的总数大约但不超过200根，所以60×3=180（根），符合题意。

7.藏在城堡里的怪物

【荒岛课堂】列车相遇

【答案提示】

这里没有告诉我们路程是多少，可以假设一个路程，全程可以假设一个具体数据，也可以用一个字母来代替。两种假设的方法都可以试试，答案是每小时96千米。

游乐园大冒险

1.恐怖的声音

【荒岛课堂】分数与份数的转化

【答案提示】

这道题可以反过来想，先把剩下的路程看作1份，睡觉走过的路程为2份，剩下和睡觉走过的一共有3份。全程就是6份。

所以睡觉走过的路程为六分之二，也就是三分之一。

● 2. 比妖怪更可怕的人

【荒岛课堂】还原问题

【答案提示】

还原方法：

第一棵树上有36÷3+6=18（只）

第二棵树上有36÷3+4-6=10（只）

第三棵树上有36÷3-4=8（只）

● 3. 一起去探险喽！

【荒岛课堂】工程问题

【答案提示】

用尝试探究法，逐步计算不断接近整体"1"。

$$\frac{1}{50}+\frac{2}{70}+\frac{3}{50}+\frac{4}{70}+\frac{5}{50}+\frac{6}{70}+\frac{7}{50}+\frac{8}{70}+\frac{9}{50}+\frac{10}{70}=$$
$$\frac{1}{2}+\frac{3}{7}=\frac{13}{14}$$

$\frac{4}{50}$是分母为50大于且最接近$\frac{1}{14}$的数，故甲再做

4天就能完成这项工程。所以完成这项工程一共需要
1+2+3+4+5+6+7+8+9+10+4=59（天）。

● 4. 奇怪的冒险屋

【荒岛课堂】周期问题

【答案提示】

每星期有7天，按7天为一周期重复。这里有一
个算天数和周期的统一问题，意思就是：如果天数
计算包括了3月8日这一天，那么周期就从星期五开
始，即星期"五六日一二三四"按这样的周期重
复；如果天数计算不包括3月8日这一天，周期就从
星期六开始。

这里天数的计算包括3月8日这一天，见如下
表格：

月份	3月	4月	5月	6月	7月	合计
天数	24天	30天	31天	30天	1天	116天

116÷7=16……4

从余数4知道，7月1日在第17个周期中的第4个位
置，即星期一。

130

● 5. 幽灵也怕火

【荒岛课堂】分段收费问题

【答案提示】

11小时。

● 6. 飞跃吧！煤矿车

【荒岛课堂】追及问题

【答案提示】

60千米/时=1千米/分，45千米/时=0.75千米/分

0.75×20=15（千米）

15÷（1−0.75）=60（分）

所以甲巴士要经过60分钟才追上乙巴士。

● 7. 魔镜魔镜

【荒岛课堂】镜子中的数学

【答案提示】

实际时间是4:30。

数学知识对照表

对应故事		知识点	页码
城堡新家	备受困扰的罗克	简单计数问题	10
	电视争夺战	分数应用题	17
	地球人眼中的外星人	数列求和	24
	破旧的游乐园	圆的周长	34
	进入城堡大门	公倍数与最小公倍数	43
	藏在城堡里的怪物	相遇问题	60
游乐园大冒险	恐怖的声音	分数与份数	69
	比妖怪更可怕的人	还原法	78
	一起去探险喽!	工程问题	88
	奇怪的冒险屋	周期问题	93
	幽灵也怕火	分段收费	102
	飞跃吧!煤矿车	追及问题	113
	魔镜魔镜	镜面对称	124

图书在版编目（CIP）数据

罗克数学荒岛历险记.3，游乐园大冒险／达力动漫著. —广州：广东教育出版社，2020.11

ISBN 978-7-5548-3307-0

Ⅰ.①罗…　Ⅱ.①达…　Ⅲ.①数学—少儿读物　Ⅳ.① O1-49

中国版本图书馆 CIP 数据核字（2020）第 100216 号

策　　划：陶　己　卞晓琰

统　　筹：徐　枢　应华江　朱晓兵　郑张昇

责任编辑：李　慧　惠　丹　尚于力

审　　订：苏菲芷　李梦蝶　周　峰

责任技编：姚健燕

装帧设计：友间文化

平面设计：刘徵羽　钟玥珊

罗克数学荒岛历险记　3　游乐园大冒险

LUOKE SHUXUEHUANGDAO LIXIANJI　3　YOULEYUAN DAMAOXIAN

广东教育出版社出版发行

（广州市环市东路472号12-15楼）

邮政编码：510075

网址：http://www.gjs.cn

广东新华发行集团股份有限公司经销

广州市岭美文化科技有限公司印刷

（广州市荔湾区花地大道南海南工商贸易区A幢　邮政编码：510385）

889毫米×1194毫米　32开本　4.5印张　90千字

2020年11月第1版　2020年11月第1次印刷

ISBN 978-7-5548-3307-0

定价：25.00元

质量监督电话：020-87613102　邮箱：gjs-quality@nfcb.com.cn

购书咨询电话：020-87615809